Brigitte
Saussard

Les amis du roi

Chez le même éditeur

COLLECTION
expression théâtrale

5 À 10 ANS

Des spectacles pour les enfants
Sous la direction de Denise Chauvel

8 À 12 ANS

Musiciens en scène
Sous la direction de Dominique Mégrier

Saynètes en anglais
Sous la direction de François Fontaine

Drôles de rencontres au théâtre
Sous la direction d'Alain Héril et Dominique Mégrier

Contes du monde au théâtre
Sous la direction d'Alain Héril et Dominique Mégrier

Don Quichotte et autres personnages
Sous la direction d'Anne-Catherine Vivet-Rémy

SOMMAIRE

Les amis du Roi page 5

Les animaux, héros des Fables de La Fontaine, se rassemblent sur une scène de théâtre : la Fourmi veut devenir l'amie du Roi, le Lion, à la place du Rat. Elle demande l'aide du Renard, mais c'est sans compter sur l'intervention de la Cigale et du Corbeau ! Pourront-ils déjouer le plan des deux méchants ?

Brigitte Saussard

Auteur de contes moraux, absurdes mais souvent reliés au quotidien, elle a écrit et monté plusieurs spectacles de marionnettes avant d'être sollicitée pour l'écriture de pièces de théâtre destinées à être interprétées par des élèves. Elle a écrit de nombreuses pièces dans les ouvrages : *Sketches et contes à mimer, Saynètes pour apprentis comédiens, Les Malheurs de l'orthographe au théâtre, Contes, fables et bestiaire* (collection « Expression théâtrale »), et *Les Amis du roi, Coccinelle Demoiselle et autres sketches* (collection « Petits comédiens »).

Les amis du roi

Les personnages principaux sont ceux des fables de Jean de La Fontaine suivantes :
Le Lion et le Rat ;
La Cigale et la Fourmi ;
Le Corbeau et le Renard.

Les personnages secondaires sont :
Les Chœurs (en collectif ou individuel),
Les gardes du Roi

Les personnages : (dans l'ordre d'apparition)
Le Rat,
la Fourmi,
les Chœurs,
le Corbeau,
la Cigale,
le Renard,
le Lion,
les gardes du Roi.

Les Chœurs peuvent faire partie intégrante du décor, qui en arbre, qui en fleur, en champignon, en rocher, etc. et s'animer au moment de parler.

Le décor :

Il est au choix, la pièce pouvant se dérouler soit en intérieur, soit en extérieur.

Les costumes :

Le Corbeau porte, accrochée à son cou, une boîte de fromage à moitié écrasée. La Fourmi est tout d'abord en tenue de ménagère avec ses accessoires, plumeau, balai... Puis elle quitte le tablier pour paraître plus « habillée ». Il lui faut un sac à main contenant une lime à ongles.
Le Lion est habillé en Roi.

Scène 1

Personnages :
Le Rat – la Fourmi – les Chœurs.

Le Rat arrive en courant et regarde un peu partout.

Le Rat, *l'air soulagé.*
Ouf ! *(Il se met à parler tout seul en marchant sans regarder où il va.)* Apparemment, le Roi n'est pas encore arrivé. J'avais peur d'être en retard. C'est que je n'aime pas faire attendre sa Majesté. Sa Majesté est si bonne !

Pendant qu'il parle, la Fourmi arrive sur la scène, affairée à balayer le sol, se baissant pour ramasser une miette et la mettre dans la poche de son tablier... Le Rat vient se cogner contre elle.

La Fourmi
Aoutch ! Non mais, ça ne va pas la tête !

Le Rat
Oh ! Excusez-moi, Dame Fourmi. Franchement, je ne vous avais pas vue.

La Fourmi
Ah ! Comme d'habitude, Compère Rat, vous marchez à l'étourdie !

Le Rat
Ma foi, Dame Fourmi, vous touchez là un de mes principaux défauts.

La Fourmi
Votre foi, votre foi... c'est plutôt vous qui avez touché le mien ! Et vous m'avez fait mal en plus ! *(Elle s'appuie sur le ventre.)* Aïe ! Vous voyez bien !

Le Rat
J'en suis fort désolé. Mais que faites-vous par ici, moi qui pensais y être tranquille ?

La Fourmi
Eh bien, nuit et jour à tout venant, je fais le ménage, ne vous déplaise ! Et croyez-moi, pas un seul petit morceau de mouche ou de vermisseau ne peut m'échapper. *(Elle ramasse quelque chose, le met dans sa poche puis s'éclaircit la voix l'air un peu gêné.)* Euh, si j'ai bien entendu, vous parliez

tout à l'heure de Notre Majesté le Roi. Euh, vous le connaissez ?

Le Rat
Si je connais le Roi ? Pour sûr, Dame Fourmi, pour sûr ! C'est moi qui lui ai sauvé la vie alors qu'il était pris dans un filet.

Les Chœurs
« Sire Rat accourut et fit tant par ses dents
Qu'une maille rongée emporta tout l'ouvrage. »

La Fourmi, *méprisante.*
Vous, un Rat, le grand ami du Roi ? Alors là, ça m'étonnerait !

Le Rat
Mais parfaitement ! Figurez-vous qu'il ne se passe pas une journée sans qu'il ait besoin de moi.

Les Chœurs
« On a souvent besoin d'un plus petit que soi. »

La Fourmi
Compère Rat, je ne vous crois pas. C'est pour faire votre intéressant que vous me contez ça.

Le Rat, *agacé.*
Écoutez, Dame Fourmi, puisque vous insistez, vous le demanderez vous-même au Roi, il doit venir ici d'un moment à l'autre, nous avons rendez-vous.

La Fourmi, *soudain tout excitée.*
Comment, pardon, qu'entends-je ? Le Roi, ici, d'un moment à l'autre ? *(À part.)* Ça par exemple, voilà qui me donne une idée.

Le Rat
Vous disiez, Dame Fourmi ?

La Fourmi
Qui, moi ? Euh, rien... ou plutôt si, je disais que je serais ravie de faire la connaissance du Roi. Je reviens tout de suite.

Elle sort.

Le Rat, *perplexe.*
Hum, hum ! Je ne sais pas pourquoi... mais cette commère ne m'inspire pas vraiment confiance !

Scène 2

Personnages :

Le Corbeau – le Rat – les Chœurs – la Cigale.

Le Corbeau arrive au pas de gymnastique, portant à son cou une boîte de camembert écrasée. Il ne voit pas le Rat.

Le Corbeau
Une, deux ! une, deux ! une deux ! ...

Il s'arrête et s'assouplit.

Une deux ! une deux ! Oouuf ! ça fait du bien de se dégourdir un peu les pattes !

Le Rat
Allons bon ! Qu'est-ce que c'est que cet oiseau-là, maintenant ?

Le Corbeau, *l'apercevant.*
Hé ! Bonjour Monsieur du Rat ! Pardonnez-moi, je

ne vous avais pas vu. C'est que je suis tout ratatiné, vous savez.

Le Rat
Comment ça, tout ratatiné ? Faites voir.

Le Corbeau, *énervé.*
Parfaitement, tout ratatiné ! À force de rester coincé dans ma fable à la page vingt-et-un ! C'est que je la connais par cœur, moi, la page vingt-et-un !

Les Chœurs
« Maître Corbeau sur un arbre perché,
Tenait en son bec... »

Le Corbeau, *l'interrompant, énervé.*
Voilà, c'est ça, et croâ, croâ, croâ ! et croâ, croâ, croâ !

Le Rat
Allons, allons ! calmez-vous !... Et là, qu'est-ce que c'est ? *(Il montre le fromage écrasé.)*

Le Corbeau, *criant.*
Ah, mon fromage !... À l'assassin ! Au meurtrier ! Justice, juste ciel ! Je suis perdu, je suis assassiné ! On m'a coupé la gorge, on m'a... écrasé mon fromage ! Il va encore falloir que j'en trouve un autre ! et croâ, croâ, croâ !

Le Rat
Eh bien, en voilà tout un fromage pour un fromage !

Le Corbeau, *regardant partout l'air intéressé.*
Ah ? Un fromage ?... Mais où est-il, ce fromage ?

Le Rat
Hélas, Maître Corbeau, vous ne comprenez pas. Ce n'est qu'une façon de parler !

Le Corbeau, *regardant son fromage.*
Ah ! Quel malheur !... C'est sûrement tout à l'heure en descendant du livre, quand je suis tombé... *(Pleurant.)* Bouhouhouhouhouhou ! Mon fromage !

Le Rat, *s'approchant pour le consoler et tenter de le nettoyer.*
Allons, allons, Monsieur du Corbeau ! Ne pleurez point ainsi, vous risquez de vous abîmer la voix. Regardez-moi plutôt cette patouille sur votre plumage !

Les Chœurs
« Que vous êtes joli ! que vous me semblez beau !
Sans mentir, si votre ramage
Se rapporte à votre plumage... »

Le Corbeau, *n'en pouvant plus.*
Assez, assez ! C'est insupportable !

Le Rat
Quel gâchis quand j'y pense ! Vous savez, moi, je ne crache pas sur le fromage d'habitude...

La Cigale arrive. Elle chante en s'accompagnant de sa guitare. Puis elle aperçoit le Rat et le Corbeau.

La Cigale
Oh, excusez-moi ! Je vous dérange, peut-être ?

Le Rat
Mais pas du tout, Dame Cigale, pas du tout.

La Cigale
Parce que voyez-vous, certaines personnes ne supportent plus mes chansons.

Les Chœurs
« La Cigale ayant chanté tout l'été... »

La Cigale
Évidemment que j'ai chanté tout l'été. C'est mon métier ! Et maintenant, ils m'envoient chanter ailleurs.

Le Rat
Rassurez-vous, Dame Cigale, vous êtes la bienvenue. Maître Corbeau, ici présent, a grand besoin de se changer les idées. Quant à moi, je dois vous laisser pour aller à la recherche de mon ami le Roi.

Il sort.

Scène 3

Personnages :
La Cigale – le Corbeau – les Chœurs – le Renard.

La Cigale
Alors, Maître Corbeau, racontez-moi ce qui vous arrive.

Le Corbeau ne répond pas. Il essaie de cacher son fromage écrasé.

La Cigale, *reniflant.*
Ma parole, mais ça sent fortement le... Attendez, laissez-moi deviner... Je parie que vous avez encore eu un pépin avec votre fromage.

Le Corbeau, *ne levant pas la tête.*
Apprenez, Dame Cigale, qu'il n'y a jamais eu de pépins dans mes fromages !

La Cigale
Ça, je m'en doute. Je voulais dire : des ennuis avec votre fromage.

Le Corbeau
(À part.) Quels sont donc tous ces gens qui parlent un double langage? *(À la Cigale.)* Soit. Disons que j'ai eu des ennuis avec mon fromage. Voyez plutôt...

La Cigale, *horrifiée.*
Pouah ! Mais qu'il est laid !

Les Chœurs
« Que vous êtes joli ! que vous me semblez beau ! »

Le Corbeau, *se remettant à pleurer.*
Bouhouhouhouhouhou ! Bouhouhouhouhouhou !

La Cigale, *ennuyée.*
Euh... excusez-moi, euh... je ne voulais pas vous blesser. Euh... et si je vous jouais un petit air de ma composition, cela pourrait-il vous consoler?

Le Corbeau, *intéressé.*
Ah ? Vous feriez ça pour moi ?

Elle chante...

Le Corbeau, *attendri.*
Vous êtes vraiment gentille ! Figurez-vous que j'adore chanter moi aussi. C'est d'ailleurs pour cela que j'attache mon fromage autour du cou. Avant, je le tenais dans mon bec, mais chaque fois que je voulais chanter, il tombait.

Les Chœurs
« Et pour montrer sa belle voix,
Il ouvre un large bec, laisse tomber sa proie. »

À ce moment-là, arrive le Renard.

Le Renard, *reniflant.*
Hmmm ! Hmmm ! Que voici une odeur appétissante ! Hmmm !

Les Chœurs
« Maître Renard, par l'odeur alléché… »

Il flaire son chemin sans lever le nez jusqu'au Corbeau.

Le Renard
Hmmm ! C'est bien ce que je pensais. « Hé ! Bonjour Monsieur du Corbeau, que vous êtes jol… » Pouaaah ! Mais vous n'êtes pas joli du tout aujourd'hui !

Le Corbeau
Toujours aussi flatteur à ce que j'entends !

Les Chœurs
« Apprenez que tout flatteur
Vit aux dépens de celui qui l'écoute... »

Le Corbeau
Dame Cigale, je vous présente Sire Renard, grand maître chanteur, s'il en est.

La Cigale
Maître chanteur ? Nous pourrions nous associer.

Le Corbeau
Prenez garde ma mie, ce maître chanteur-là serait plutôt du genre filou.

Le Renard
Dites donc, Monsieur du Corbeau, à votre place, moi, j'irais me laver. Cela vous irait franchement mieux au teint.

La Cigale
Maître Renard a raison. Venez, je vous accompagne.

Ils sortent tous les deux.

Scène 4

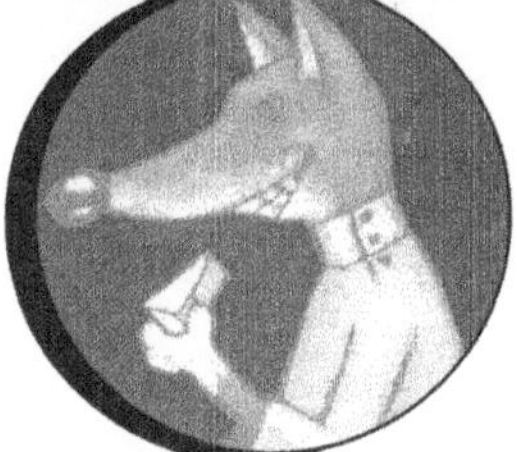

Personnages :

La Fourmi – le Renard – les Chœurs.

La Fourmi arrive en courant. Elle a posé ses accessoires de ménagère et porte maintenant son sac à main.

La Fourmi, *ne voyant pas le Roi.*
Oh non !... Ne me dites pas que je l'ai raté ! Il... Il est déjà reparti ?

Le Renard
Qui cherchez-vous ainsi, Dame Fourmi ?

La Fourmi
Comment ? Vous n'êtes pas au courant ? Sa Majesté le Roi devait passer par ici, c'est le Rat qui me l'a dit.

Le Renard
Cela m'étonnerait, le Lion est à la chasse, je l'ai vu tout à l'heure.

La Fourmi
Ouf ! Dans ce cas, nous avons un peu de temps... Dites-moi, Sire Renard, ne seriez-vous pas par hasard cet habile flatteur qui réussit si bien tous ses mauvais coups ?

Le Renard
Pourquoi ? Vous êtes de la police ?

La Fourmi
Bien au contraire. J'ai là une idée qui va peut-être vous intéresser.

Le Renard
Si c'est une idée qui rapporte, assurément, elle m'intéresse.

La Fourmi
C'est une idée qui peut rapporter très gros ! J'ai décidé de me faire embaucher par le Roi à la place du Rat. Je pense que j'ai toutes mes chances, regardez ma taille !

Les Chœurs
« On a souvent besoin d'un plus petit que soi. »

La Fourmi
Le seul problème, c'est comment me débarrasser du Rat ? Mais je suis sûre que vous, Sire Renard, rusé comme vous l'êtes, vous trouverez la solution.

Les Chœurs
« Apprenez que tout flatteur vit aux dépens de celui qui l'écoute. »

Le Renard
Sachez que si je vous aide, ce n'est pas pour la gloire. Il vous faudra assurer mon dîner jusqu'à la fin de mes jours. Sinon, je détruirai votre fourmilière !

La Fourmi
Aïe ! Vous êtes dur en affaires !... Mais je prends l'engagement que vous serez bien traité, foi d'animal ! Dès que je serai dans la place...

Le Renard
Eh bien, cela me paraît une bonne affaire ! Suivez-moi, nous allons tendre un piège au Rat...

Ils se mettent en route. La Fourmi ramasse quelque chose.

La Fourmi
Oh ! Un morceau de fromage !

Le Renard
Quelle chance ! C'est exactement ce qu'il me fallait !

La Fourmi
Décidément, vous êtes un incorrigible ! Vous et le fromage ! C'est moi qui l'ai trouvé !

Le Renard
C'est plutôt vous l'incorrigible !

Les Chœurs
« La Fourmi n'est pas prêteuse, c'est là son moindre défaut. »

Le Renard
Dans ce cas, tant pis pour vous ! *(Il fait mine de partir.)* J'avais besoin de ce fromage pour piéger le Rat, mais si vous refusez de me le donner...

La Fourmi, *tendant le fromage.*
Euh si, attendez ! Attendez-moi, j'arrive.

Ils sortent en complotant.

Scène 5

Personnages :

Le Lion et sa garde– les chœurs – la Fourmi – le Renard

Le Lion arrive accompagné de sa garde.

Le Lion, *en colère.*
Ah ! Je m'en doutais. Mon compagnon le Rat n'a pas eu le courage de m'attendre. Où vais-je le retrouver à présent ?

Il pique une colère, tape du pied, trépigne... Les gardes se protègent.

Ragnagna de ragnagna ! Et je dirais même plus, ragnagnagna de ragnagnagna ! *(Puis content de lui.)* Ouf ! Voilà qui est bien rugi !

Chœurs
« Patience et longueur de temps font plus que force ni que rage. »

Le Lion, *très énervé.*
« Patience et longueur de temps » ? Vous en avez de bonnes ! Depuis quand le Roi devrait-il patienter ? J'ai besoin de mon ami le Rat, et plus vite que ça !

Les Chœurs
« On a souvent besoin d'un plus petit que soi. »

La Fourmi et le Renard arrivent en se frottant les mains.

La Fourmi et le Renard
Hé, hé, hé, hé, hé, hé, hé !

Le Lion
Halte-là, vous deux ! De quel droit êtes-vous de si bonne humeur quand le Roi est en colère ?

Le Renard, *à la Fourmi.*
Laissez-moi faire, ma commère. *(Au Roi.)* Sire, que votre grandissime Majesté daigne nous pardonner, nous ne pouvions pas le savoir.

Le Lion
C'est un tort !!! Vous deviez le savoir ! *(S'adressant à ses gardes.)* Gardes !! Je veux mon ami le Rat tout de suite et sur l'heure !

Le Renard, *faisant semblant de chercher.*
Votre ami le Rat ?... Hélas, si seulement nous

savions où il est ! ... *(À part, avec la Fourmi.)* Hé, hé, hé, hé, hé !

Le Lion
Qu'on me le trouve immédiatement. J'ai une griffe cassée, c'est insupportable ! D'un coup de ses petites dents acérées, il règlerait mon problème !

Les Chœurs
« On a souvent besoin d'un plus petit que soi. »

La Fourmi, *s'avançant vers lui.*
Sire, voyez comme je suis petite. Je suis sûre que je pourrais vous rendre tout un tas de menus services... Si votre compagnon ne revenait pas, bien entendu.

Le Lion, *très agacé.*
Ah oui ? Et avec quelles dents comptez-vous réparer mon ongle ?

La Fourmi, *bégayant.*
Bah... Bah... Je... Je...

Le Renard
Voyons, Dame Fourmi, à quoi pensez-vous donc ? N'auriez-vous pas une lime à ongles dans ce charmant sac à main ?

La Fourmi
Une lime à ongles ? Mais naturellement, comment n'y ai-je pas pensé plus tôt ?

Elle fouille dans son sac et la sort.

Allons, Sire, montrez-moi cette griffe malade. Je vais vous arranger ça tout de suite... Votre Majesté ne saurait souffrir une seconde de plus ! Votre Majesté est si bonne !

Le Lion, *tendant sa patte.*
Ah ! Tout de même ! *(La Fourmi lui lime l'ongle.)*

La Fourmi
Et voilà ! Ce n'était pas plus difficile que ça.

Le Lion, *impressionné.*
En effet ! Je dois dire que vous savez y faire. Vous m'avez convaincu. Gardes ! Que l'on renvoie le Rat ! Je n'ai plus besoin de ses services. La Fourmi le remplacera.

La Fourmi
Sire, Votre Illustre Grandeur m'honore !

Le Renard
Assurément, Votre Majesté est d'une grande justice !

Les Chœurs
« Apprenez que tout flatteur vit aux dépens de celui qui l'écoute. »

Scène 6

Personnages :

La cigale – le Lion et sa garde – le Renard – la Fourmi – les chœurs – le Rat.

La Cigale arrive affolée…

La Cigale

Au secours ! À l'aide ! Mamama… Mmmajesté ! … Le… le Rat… là-bas… dans un piège… il est… oh, là, là ! Il est… tout estrangouillé par un nœud coulant ! …

Le Lion

Comment ? Le Rat, tout estrangouillé ? Que nous chantez-vous là ?

La Cigale

Mais non, voyons, je ne suis pas en train de chanter ! Le Rat se meurt… il est pris au piège !

Le Lion
Eh bien, allons-y ! Montrez-moi le chemin...

Le Lion emboîte le pas à la Cigale quand soudain le Renard se met à se rouler par terre. Le Lion s'arrête intrigué...

Le Renard, *jouant la comédie.*
Aah ! À moi, Sire ! Aah ! Je me meurs ! *(À la Fourmi.)* Allons, vous aussi, Dame Fourmi !

La Fourmi
Comment ça, moi aussi ?... Ah oui ! Je comprends. *(Elle se roule par terre à son tour.)* Aah ! Moi aussi ! Ah, je me meurs... Aaaah ! Au secours !... Sire !

Le Lion, *repartant.*
Oh, là, là !... Tout compte fait, cette affaire m'a l'air d'une maladie bigrement contagieuse ! Venez, gardes, ne restons pas ici ! Allons vite délivrer le Rat s'il en est encore temps...

Ils sortent. Les deux trompeurs se relèvent.

La Fourmi, *furieuse.*
Et voilà ! C'est raté ! C'était la seule chance de ma vie et je l'ai ratée !

Le Renard
Et en plus, si le Rat est encore vivant, il va nous dénoncer. Je serais vous, je ne ferais pas de vieux os par ici.

La Fourmi
Vous savez, moi, pour ce qui est des os, je ne crains pas grand-chose. Je suis invertébrée.

Le Renard
Quand vous aurez fini de dire des bêtises !... Moi, je retourne dans ma fable, j'y serai plus tranquille.

La Fourmi
Oh, là, là ! J'entends du bruit. Vite, filons !

Ils sortent en courant.
Le Lion et sa garde reviennent, accompagnés de la Cigale et du Corbeau qui soutiennent le Rat.

Le Lion, *à ses gardes.*
Que l'on fasse exécuter tous les renards et toutes les fourmis du royaume !

La Cigale
Sire, Votre Majesté est sans doute quelque peu excessive. Peut-être pourrions-nous commencer par les interroger ?

Les Chœurs
« Patience et longueur de temps font plus que force ni que rage. »

Le Lion
Soit. Je suis dans un jour de grande bonté. N'exécutez que les coupables. Mais au moindre

doute, exécutez quand même ! Je veux que mon ami le Rat soit en sécurité !

Le Rat
Ouf ! Quand j'y pense, Dame Cigale, heureusement que vous avez donné l'alerte... Un peu plus et il était trop tard !

La Cigale
Vous savez, c'est tout naturel. Quand on est dans le besoin, il faut savoir s'entraider. J'en sais quelque chose.

Les Chœurs
« La Cigale, ayant chanté
Tout l'été,
Se trouva fort dépourvue
Quand la bise fut venue. »

La Cigale
Tout de même, si nous vous avons sauvé, c'est grâce à Maître Corbeau qui vous a vu le premier.

Le Rat
En somme, je vous dois la vie à tous les deux. Soyons amis !

Le Lion
Et comme les amis de mes amis sont mes amis, soyons amis, je vous en prie !

RIDEAU

Collection PETITS COMÉDIENS

6/8 ANS

François Fontaine
C'est Kiki et autres sketches
Une drôle de vache et autres sketches

Sylvaine Hinglais
Le magicien qui aimait les bonbons et autres sketches

Brigitte Saussard
Coccinelle, Demoiselle et autres sketches
Les amis du roi

Jean-Louis Sauzade
L'anniversaire de Sardinette, Kiritimati

8/10 ANS

Michel Coulareau
Copies conformes

Benoît Fourchard
Pas de salade pour Vertuchou

Christian Lamblin
Le problème, Le discours

Vannina Laugier
Le fantôme de la demoiselle

Yak Rivais
L'affaire Barbe-Bleue, Un bandit qui retourne sa veste

Anne-Catherine Vivet-Rémy
L'opéra grammatical, Le juste mot

Conception : Sarbacane
Réalisation : Arts Graphiques Drouais
Illustrations : Camille Semelet
N° d'éditeur : 1063

N° de projet :10246258 – Dépôt légal : janvier 2006
Imprimé en France, en mai 2018,
par l'Imprimerie MAURY S.A.S. à Millau (12)
N° d' impression : D18/57878N